BEI GRIN MACHT SICH IHR
WISSEN BEZAHLT

- Wir veröffentlichen Ihre Hausarbeit,
  Bachelor- und Masterarbeit

- Ihr eigenes eBook und Buch -
  weltweit in allen wichtigen Shops

- Verdienen Sie an jedem Verkauf

Jetzt bei www.GRIN.com hochladen
und kostenlos publizieren

Sebastian Lucas

Mental Maps. Von ersten Assoziationen bis zu den Funktionen für die Geographie

GRIN Verlag

Bibliografische Information der Deutschen Nationalbibliothek:

Die Deutsche Bibliothek verzeichnet diese Publikation in der Deutschen National-
bibliografie; detaillierte bibliografische Daten sind im Internet über http://dnb.d-
nb.de/ abrufbar.

Impressum:

Copyright © 2010 GRIN Verlag GmbH
Druck und Bindung: Books on Demand GmbH, Norderstedt Germany
ISBN: 978-3-640-74069-7

Dieses Buch bei GRIN:

http://www.grin.com/de/e-book/160903/mental-maps-von-ersten-assoziationen-bis-
zu-den-funktionen-fuer-die-geographie

GRIN - Your knowledge has value

Der GRIN Verlag publiziert seit 1998 wissenschaftliche Arbeiten von Studenten, Hochschullehrern und anderen Akademikern als eBook und gedrucktes Buch. Die Verlagswebsite www.grin.com ist die ideale Plattform zur Veröffentlichung von Hausarbeiten, Abschlussarbeiten, wissenschaftlichen Aufsätzen, Dissertationen und Fachbüchern.

Besuchen Sie uns im Internet:

http://www.grin.com/

http://www.facebook.com/grincom

http://www.twitter.com/grin_com

Begleitseminar Humangeographie 1

Wintersemester 09/10

Verfasser: Sebastian Lucas

Hausarbeit zum Referatsthema „Mental Maps"

Von ersten Assoziationen bis zu den Funktionen für die Geographie

Inhaltsverzeichnis

Einleitung

„Als kognitive Karte (auch mental map) bezeichnet man die mentale Repräsentation eines geographischen Raumes oder räumlich (dreidimensional) vorstellbarer logischer und sonstiger Zusammenhänge."
(Quelle: Wikipedia. Kognitive Karte. URL: http://de.wikipedia.org/wiki/Kognitive_Karte (Stand 29.12.2009))

Mental Maps sind eine interessante Alternative zu objektiven Karten und weisen von ihrer Entstehung bis zu ihren Funktionen Analysemöglichkeiten für verschiedenste Forschungsfelder auf. Diese Arbeit soll einen Einblick geben in die wichtigsten Forschungsansätze, sowie die Entstehung und die Funktionen von kognitiven Karten.

1

Begleitseminar Humangeographie 1

Wintersemester 09/10

Verfasser: Sebastian Lucas

(Kognitives) Assoziieren als erster Schritt zu Mental Maps

„Kognitives Kartieren ist ein abstrakter Begriff, welcher jene kognitiven Fähigkeiten umfasst, die es uns ermöglichen Informationen über die räumliche Umwelt zu sammeln, zu ordnen, zu speichern, abzurufen und zu verarbeiten. Diese Fähigkeit ändert sich mit dem Alter (oder der Entwicklung) und dem Gebrauch (oder Wissen).

(Downs & Stea 1982, Seite 23)

Dieses Zitat von Roger M. Downs und David Stea zeigt bereits oberflächlich die Fähigkeiten, die für Mental Maps angewendet werden und als verschiedene Funktionen angesehen werden können. Als Einstieg in das Thema und den Vorgang Karten im Kopf zu bilden ist eine Einführung mit dem Beispiel Assoziationen hilfreich.

(Kognitives) Assoziieren lässt sich leicht anhand von Beispielen erklären. Hierbei soll eine Recherche durch eine Interaktion mit meinen Kommilitonen während meines Referats zu diesem Thema dienen.

Ich habe den Probanden einige Begriffe genannt, worauf diese dann ihre spontanen Assoziationen nennen sollten. Ich selbst habe mich ebenfalls vor der Sitzung mit den Begriffen auseinandergesetzt und meine ersten Assoziationen niedergeschrieben.

Als erstes nannte ich das Wort „Buch". Meine Kommilitonen nannten als Assoziationen zu diesem Wort Begriffe wie „Seiten", „Lesen", „Buchstaben" und „Lernen". Unter meinen spontanen Assoziationen zu dem Begriff „Buch" kamen zwar auch andere Begriffe als bei meinen Kommilitonen zum Vorschein, wie z. B. „Entspannung" oder „Uni", doch mit „Buch" verbinde auch ich sofort „Lesen" und „Seiten".

Beim Begriff „Bahnhof" ähnelten sich meine Assoziationen ebenfalls mit denen meiner Kommilitonen, „Gleise", „Züge" und „Menschenmassen" bzw. „Trubel" wurden, mit mir übereinstimmend benannt.

Mit „New York" verbanden die Kommilitonen sogar fast alle Begriffe bzw. Objekte, die auch ich sofort mit diesem Ort verbinde, wie das Empire State Building, die Freiheitsstatue und den Terroranschlag vom 11. September 2001.

Verfasser: Sebastian Lucas

Es ist schon beachtlich, wie viele gleiche Assoziationen von den Kommilitonen gebildet wurden, aber es muss auch beachtet werden, dass diese Begriffe ziemlich oberflächlich bzw. allgemein bekannt oder geläufig sind und die Probanden höchstwahrscheinlich die gleichen Erfahrungen oder Kenntnisse mit ihnen verbinden. Deshalb kann dieses Beispiel nicht direkt konkret wissenschaftliches Beispiel dienen, aber es schafft bereits einen ersten Einblick, worum was es bei Mental Maps geht.
(Quelle: Interaktion während des Referats zu dieser Hausarbeit)

Über die Forscher

Der Begriff „Mental Maps" wurde erstmals von dem Psychologen Edward C. Tolman durch sein Werk „Cognitive maps of rats and men" geprägt, welches 1948 erschien und sich mit den Verhaltensweisen und kognitiven Assoziationen, wie der kognitiven Kartenbildung und Orientierung, vornehmlich von Ratten, aber auch von Menschen beschäftigte.
Die wohl zentrale Abhandlung über das Phänomen der „Mental Maps" erschien im Jahre 1982 unter dem Namen „Kognitive Karten. Die Welt in unseren Köpfen", verfasst von dem Autorenduo Roger M. Downs, seines Zeichens Geograph, und David Stea, wiederum Psychologe. Das Interessante an diesem Werk ist die Tatsache, dass sich zwei Spezialisten verschiedener Forschungsfelder zusammengetan haben, um ein essentielles Werk über das damals noch relativ ungenau beschriebene Thema zu verfassen, was bereits andeutet, dass Mental Maps viele Funktionen erfüllen können und somit Spezialisten auf vollkommen unterschiedlichen Themengebieten eine große Inspirationsquelle und Hilfe sein können.
Besonders interessant für die Kultur- und Stadtgeographie ist das Werk „Das Bild der Stadt" von dem Stadtplaner Kevin Lynch, erschienen 1960, wie auch „Good City Form" von 1981 des gleichen Autors.
(Quelle: Downs & Stea 1982, Seite

Begleitseminar Humangeographie 1

Wintersemester 09/10

Verfasser: Sebastian Lucas

Die Funktionsweise des Gehirns im Bezug auf Mental Maps

Über die Funktionsweise des Gehirns beim „mental mapping" gibt es bis heute keine vollkommen belegte Erklärung, dafür aber Ansätze, welche für Vorgänge beim kognitiven Kartieren auftreten.

Die wohl angesehensten Ansätze sind wohl der neurophysiologische Ansatz von Kaplan und der neuropsychologische Ansatz.

Bei Kaplans Erklärung des Schaffens kognitiver Repräsentationen der räumlichen Umwelt wird das kognitive Kartieren als mechanischer Vorgang betrachtet. Genau genommen als bioelektrischer und -chemischer Vorgang, da die Neuronen, welche die wesentliche Grundsubstanz des Gehirns der Menschen ausmachen, die entscheidende Rolle spielen. Das Gehirn weist etwa 10 Milliarden Neuronen auf, die laut Kaplan in eine Art wechselseitige Beziehung mit wiederholten Erfahrungen des Menschen mit Orten und Objekten eingehen. Wenn ein den Erinnerungen und Erfahrungen des Menschen zugeordnetes Objekt erblickt wird, löst dies eine Art Schaltung aus, die dazugehörigen Neuronen werden aktiv und geben alle zu dem Merkmal bzw. Ort/ Objekt zugehörigen gespeicherten Informationen frei. Neuronen können also als datenverarbeitungseinheiten bezeichnet werden, die Fülle an Informationen und die Zusammenarbeit der Neuronen zur Schaffung komplexer kognitiver Bilder, lässt sich demnach als ein unglaublich strukturiertes Netzwerk bezeichnen.

Der neuropsycholgische Ansatz nach Young (1962) und Gardner (1975) hingegen besagt, dass sich die beiden Hälften des menschlichen Gehirns in Funktion, Art der Informationsspeicherung und -verarbeitung und Problemlösung deutlich unterscheiden. Links ist demnach z. B. der Sitz der Sprache, schwieriger Rechenoperationen und des sequenten, logischen Denkens, während auf der rechten Seite hingegen befinden sich Emotionen, das Kunstverständnis und besonders wichtig beim „mental mapping", die räumlichen Fähigkeiten. Die beiden Hirnhälften sind durch ein Bündel von Nervenfaser-Querverbindungen miteinander verbunden. Dies führt zum Austausch von Informationen und den verschiedenen Fähigkeiten, der Raumsinn der rechten Hirnhälfte lässt sich also

Begleitseminar Humangeographie 1

Wintersemester 09/10

Verfasser: Sebastian Lucas

mit dem logischen Denken und der Sprachfertigkeit der linken Seite kombinieren und ausdrücken.

Inwieweit diese beiden Thesen der Richtigkeit entsprechen, ist bis heute noch ungeklärt, doch schaffen sie einen Ansatz, der für verschiedene Forschungsgruppen überaus plausibel erscheint.

(Quelle: DOWNS & STEA 1982, Seite 234-241)

Gesetzmäßigkeiten kognitiver Karten (im Bezug auf das Beispiel „The New Yorker", siehe Anhang)

- *Kognitive Karten sind immer vom eigenen Standpunkt geprägt.*
  Beispielsweise enthalten Karten des Heimatlandes meist den Herkunftsort des Zeichners, unabhängig von dessen Größe oder Bedeutung.

Dieser Punkt lässt sich für die Zeichnung eindeutig bestätigen, es muss aber auch darauf hingewiesen werden, dass der Sinn dieser Karte darin besteht, die Welt aus der Sicht eines New Yorkers zu zeigen. Dieses „Gesetz" wäre also z. B. durch eine gezeichnete Karte des Heimatlandes besser zu repräsentieren, da die Wahrscheinlichkeit des Erscheinens der Heimatstadt des Zeichners sehr hoch ist.

- *Der eigene Bewegungsraum bestimmt die Auswahl stark.*
  Die Wahrnehmung von Orten ist abhängig von den eigenen Erfahrungen oder von vermittelten Informationen, z. B. über Medien. Karten von Regionen, die kaum bereist werden und selten in den Medien erwähnt werden, sind eher übersichtlich gestaltet.

Dies trifft eindeutig zu. Die 9th und 10th Avenue sind im Vergleich zu den anderen Orten auf der Karte viel deutlicher und detaillierter gezeichnet, andere Bundesstaaten oder Städte, wie aber auch Kontinente bzw. Länder viel

Verfasser: Sebastian Lucas

oberflächlicher und ungenau gezeichnet, Kenntnisse über die geographische Lage und besondere Merkmale der anderen Orte sind kaum vorhanden oder werden nicht als relevant betrachtet.

- *Die Relationen bzw. Entfernungen zwischen Orten werden durch subjektive Erfahrungen beeinflusst.*

Auch diese Behauptung ist eindeutig im Beispiel wiederzuerkennen, die 9th und 10th Avenue scheinen wie in der Realität für den Zeichner nur wenige Schritte voneinander entfernt zu sein. Die Entfernung zu den anderen Bundesstaaten bzw. Städten der USA steht jedoch in keinster Weise in einem realen Verhältnis zueinander, selbst die geographische Lage darf angezweifelt werden, Mexiko und Kanada sind schon vollkommen ungenau gezeichnet, doch die Darstellung von China, Russland und Japan als einzige Länder irgendwo hinter dem Pazifik zeigt die deutliche Verzerrung auf.

- *Kognitive Karten stehen immer in Interaktion mit dem Allgemeinwissen.*

Die beiden vorherigen Punkte weisen die Unterschiede zwischen der gezeichneten Karte und objektiveren Karten oder gar der Realität deutlich auf, was natürlich auch mit dem Allgemeinwissen des Zeichners zusammenhängen kann.

- *Die Nord-Süd-Dimension ist einfacher nachzuvollziehen als die Ost-West-Einordnung.*

In dieser Zeichnung wird die Nord-Süd-Dimension verschoben oder es wird nicht von ihr ausgegangen. Mexiko im Süden und Kanada im Norden werden hier als westlich und östlich wahrgenommen, wobei sich der Pazifik auf der Zeichnung im

Norden der Karte befindet.

- *Innerhalb von Mental Maps wirken sich Staatsgrenzen stark trennend aus.* (Clusterbildung)

  Dieser Punkt wird in der Zeichnung kaum deutlich, da diese viel zu allgemein gehalten ist, um solche Unterscheide aufzeigen zu können. Staatsgrenzen sind nicht eingezeichnet und die Form der der Länder/ Kontinente ist nicht einmal ansatzweise realitätsnah.

- *Kognitive Landkarten wirken immer zusammen mit objektiven Landkarten.*

  Natürlich gilt dieser Punkt beim Zeichnen einer Karte, wenn der Zeichner bereits Kenntnis über objektive Karten vorweisen kann. Jedoch lässt dieses Extrembeispiel den Eindruck vermuten, dass der Zeichner vielleicht nie oder nur äußerst selten eine objektive Karte der USA, der Welt oder gar seines unmittelbaren Umfelds gesehen hat.

(Quelle: Jebbink & Keil 2003, Seite 33) geographie heute 208/2003, Seite 33)

„Das Bild der Stadt" nach Kevin Lynch
Wie die Struktur einer Stadt beim „mental mapping" helfen kann

„Das Bild der Stadt" von Kevin Lynch befasst sich mit der Bedeutung des Aussehens einer Stadt, wie eine Stadt gebildet sein muss, um sich dem Bewohner oder Besucher einzuprägen und die Orientierung zu erleichtern.

Die „5 Elemente der Stadt" spielen hier eine wichtige Rolle:

1. Wege: Identität – Kontinuität – Richtungsqualität

Begleitseminar Humangeographie 1

Wintersemester 09/10

Verfasser: Sebastian Lucas

Identität bedeutet in diesem Sinne das Vorhandensein von charakteristischen Eigenschaften im Bezug auf die Wege, damit sich der Passant die von ihm beschrittenen Wege merken kann bzw. für Bildhaftigkeit in seiner kognitiven Karte sorgen kann. Kontinuität steht für einen durchgehenden Verlauf des Weges und es muss eine gewisse „Zuverlässigkeit" vorhanden sein, um die Orientierung und somit das Wohlbefinden zu verbessern. Die Richtungsqualität ist davon abhängig, wie viele verschiedene Merkmale ein Weg in seinen Richtungen aufweisen kann. Die Qualität wächst, je mehr unterschiedliche Merkmale es für die Richtungen eines Weges gibt.

2. Grenzlinien:

Grenzlinien sollten visuell deutlich sein und kontinuierlich in ihrer Form, damit sie klar erkennbar und somit für die Orientierung äußerst hilfreich sind.

3. Bereiche:

Bereiche für sich sollten eine homogene Struktur aufweisen, verschiedene Bereiche sollten sich unterscheiden oder thematisch einzuordnen sein, um sofort erkennbar oder differenzierbar zu sein. Hierfür sind deutliche Merkmale wie Zustand, Gliederung und Form der Gebäudetypen von großer Bedeutung.

4. Brenn- und Knotenpunkt, sowie 5. Merkzeichen:

Die Elemente 4 und 5 können zusammengefasst werden, da sie sich in ihren Bedeutungen sehr ähneln. Es handelt sich bei Brenn- und Knotenpunkten um strategische und konstant oder intensiv genutzte Punkte einer Stadt, bei Merkzeichen um optische Bezugspunkte oder Besonderheiten. Beide sollten in Form klar und deutlich sein, um sich einzuprägen und einen gewissen Wiedererkennungswert aufzuweisen, oder aber besonders abstrakt und ausgefallen, was die gleiche Wirkung haben kann.

(Quelle: LYNCH, KEVIN 1960, S. 47f.

DOWNS & STEA 1982, Kapitel 3 bzw. Seite 32-36; Seite 43 ff.; Kapitel 4;

Kapitel über „Das Bild der Stadt Abschnitte 3.2.1.1)

Begleitseminar Humangeographie 1

Wintersemester 09/10

Verfasser: Sebastian Lucas

Funktionen von Mental Maps

Die Gesetzmäßigkeiten von kognitiven Karten, wie auch die Elemente einer Stadt nach Kevin Lynch zeigen wichtige Voraussetzungen und Merkmale von Mental Maps auf. Besonders die Gesetzmäßigkeiten lassen viele Interpretationsansätze im Bezug auf den Verfasser einer Mental Map zu. Es gibt für verschiedene Forschungsgebiete Informationsstoff aus Mental Maps. Soziologen und Psychologen befassen sich mit den Gewohnheiten der Zeichner, während Geographen sich eher mit der Darstellung der Karte an sich befassen würden. Politikwissenschaftler würden ihre Schlüsse aus den Angaben der Zeichner ziehen können, ebenso wie Kulturwissenschaftler.

Für den Bereich der Humangeographie ist jedoch vor allem jedwelche Information bezüglich der Kultur- und der Stadtgeographie nützlich, die man aus den Mental Maps schöpfen kann.

(Quelle: CONRAD, CHRISTOPH 2002, Seite 49 ff.)

Funktionen von Mental Maps in Bezug auf Kulturgeographie

Zur Kulturgeographie lassen sich viele Schlüsse aus Mental Maps ziehen, da kulturelle, emotionale, wie auch sozial-ökonomische Aspekte eine große Rolle spielen.

Der emotionale Aspekt wird deutlich, wenn man betrachtet, dass Mental Maps immer subjektiv geprägt sind. Sollten zwei Individuen eine Mental Map des gleichen Ortes zeichnen, würde es immer deutliche Unterschiede geben. Wird davon ausgegangen, dass Zeichner 1 mit einem bestimmten Ort, sei es ein Restaurant, negative Erfahrungen gemacht hat, wird er es in der Mental Map großer Wahrscheinlichkeit nach auch dementsprechend zur Schau stellen. Zeichner 2 verbindet mit diesem Restaurant schöne Erinnerungen, was sich ebenfalls auf die Zeichnung auswirken wird. Orte oder Objekte sind also immer emotional mit dem Bild der Karte verbunden, so lassen sich wichtige Erkenntnisse über den Zeichner gewinnen, was für Psychologen, wie aber auch für Kulturgeographen von großer Bedeutung ist.

Verfasser: Sebastian Lucas

Eine noch immensere Bedeutung für die Kulturgeographie sollte jedoch den kulturellen und sozial-ökonomischen Aspekten zugewiesen werden. Wie auch Soziologen, geht es Kulturgeographen um die Bedeutung hinter dem Handeln verschiedener Individuen oder eher Gruppen. Mental Maps sind immer verschiedenen Merkmalen ihrer Zeichner zuzuordnen und anhand dieser zu analysieren. Hierbei spielen das Geschlecht, das Alter, die Herkunft, der Stand bzw. die Schicht, die Bildung, der Beruf, Familienstand oder die Religionszugehörigkeit eine wichtige Rolle. Aus diesen Unterscheidungspunkten lassen sich in Bezug auf kognitive Karten ungemein viele Rückschlüsse ziehen. Natürlich ist hier auch die Darstellung mit inbegriffen. Die Fähigkeit zu Zeichnen muss immer beachtet werden und ebenso ist die Gestaltung einer Mental Map immer von Erfahrung und Interessen abhängig. Eine ältere Person würde sicher andere Objekte oder signifikante Orte darstellen, als ein Kind oder ein junger Mensch. Bei diesen drei Altersschichten würden sich nicht nur die Merkmale, sondern auch die Darstellung bei gleichen Objekten vollkommen unterscheiden. Zusätzlich lassen sich wichtige Analysen bilden zu den bevorzugten Orten und Objekten von unterschiedlichen Religionsanhängern oder Leuten mit vollkommen unterschiedlicher Herkunft.

All diese Punkte sind für die Sozial- und Kulturforschung ungeheuer wichtig und Informationen zu diesen lassen sich aus Mental Maps hervorragend gewinnen.

Doch aus all diesen Eigenschaften und Unterschieden beim „mental mapping" lassen sich auch für die Stadtgeographie wichtige Ergebnisse erzielen.

Die Planung einer Firma sich an einem bestimmten Ort niederzulassen soll an dieser Stelle als Beispiel fungieren. Mental Maps stehen hierfür als Verbraucherinformation zur Verfügung, da Orte je nach Zielgruppe analysiert werden können und Aufschluss bieten über die Meinung der Bevölkerung über einen bestimmten Ort oder wie sehr der Ort im Blickpunkt steht bzw. ob er zentral liegt etc.

Die Lokalisierung von bestimmten Bevölkerungsgruppen spielt also für die Kulturgeographie, wie auch für die Zielgruppeninformation von Firmen oder Städten eine große Rolle. Bürger können stets lokalisiert und auf ihre Vorlieben hin überprüft werden,

Verfasser: Sebastian Lucas

was auch beim Bau eines neuen Stadtteils immens wichtig ist. Es ist ermittelbar, wer sich wo in der Umgebung des geplanten Ortes ansiedelt oder aufhält. An Ständen oder Klassen der Bevölkerungsgruppen und Art der Firmenansiedlung können die Exklusivität überprüft und neuen Siedlungen der Bevölkerung besser angepasst werden. Randgebiete lassen sich dementsprechend eher für die weniger vermögende Bevölkerung zuteilen, während für die Oberschicht andere Orte geltend gemacht werden müssten, wie das exklusive Stadtzentrum oder beim Bau eines Geschäfts die zentrale Lage für verschiedene Käufergruppen.

Die Bewegungserfassung der Bevölkerung gibt dem Städteplaner oder Stadtgeographen Aufschluss darüber, welche Gebiete bevorzugt oder gemieden werden und was dafür getan werden muss, um diesen Zustand eventuell zu ändern. Hierbei muss auch die Wahrzeichen- und Knotenpunktwahrnehmung erwähnt werden, denn die Beliebtheit und das Interesse bestimmter Orte und Objekte bzw. Wahrzeichen sind unumgänglich für die Analyse der zukünftigen und bisherigen Stadtstruktur.

Fazit

Zusammenfassend bieten Mental Maps vom bloßen Ansatz von Assoziationen bis hin zur Geographie und anderen Forschungsfeldern einen interessanten Einblick das „Innere" des zeichnenden Individuums. Sie bilden eine abwechslungsreiche Alternative in der Kartographie, da sie vollkommen anders erstellt werden und andere Merkmale haben als objektive Karten, wie sie z. B. In Atlanten dargestellt werden. Doch sollte nie außer Acht gelassen werden, dass jene Subjektivität, die Mental Maps auszeichnet auch einen großen Einfluss hat. Es können z. B. starke Verzerrungen eines Bildes oder einer Karte auftreten, da sämtliche Gedanken, Erinnerungen und Erfahrungen eines Individuums in das Endprodukt hinein spielen. Für das Veranschaulichen eines Weges oder Ortes für Touristen oder andere Personen, denen das Umfeld nicht bekannt ist, haben Mental Maps keine hilfreiche Funktion. Doch besonders für Kultur- und Stadtgeographie, bei denen die Analyse von Meinungen oder Ansichten, sowie von Gewohnheiten und Merkmalen von

Begleitseminar Humangeographie 1

Wintersemester 09/10

Verfasser: Sebastian Lucas

Zielgruppen von großer Wichtigkeit ist, bieten kognitive Karten großen Informationsgehalt und spielen dadurch eine gewichtige Rolle für Forschung und Planung.

Literaturverzeichnis

- CONRAD, C. (2002): Mental Maps. In: Geschichte und Gesellschaft Heft 3, 28. Jahrgang 2002, Seite 340-342
- DOWNS & STEA (1982): Kognitive Karten. Die Welt in unseren Köpfen. 1. Aufl. New York 1982
- HUNTEMANN, V. (1997): Mental Maps decken Defizite des Geographieunterrichts auf. In: Praxis Geographie 2/1997, Seite 48-49
- INTERAKTION WÄHREND DES REFERATS ZU DIESER HAUSARBEIT
- JEBBINK, K. & KEIL, A. (2003): Wie lässt sich Raumwahrnehmung beeinflussen?. Ein Experiment mit Mental Maps. In: geographie heute 208/2003, Seite 33 ff.
- LYNCH, K. (1960): The image of the city.
- Nebe, J. M. & Kröpel, S. & Pütz, M. (1998): Die Stadt in unseren Köpfen. Zur Beurteilung von städtischer Lebensqualität durch kognitive Karten. In: STANDORT – Zeitschrift für Angewandte Geoggraphie 3/1998, Seite 10-15
- VITOUCH, P. (1996): Cognitive Maps und Medien. Formen mentaler Repräsentation bei der Medienwahrnehmung. 1. Aufl. Frankfurt am Main; Berlin; Bern; New York; Paris; Wien 1996
- Wikipedia. Kognitive Karte. URL: http://de.wikipedia.org/wiki/Kognitive_Karte (Stand 29.12.2009
- Internetquelle „The New Yorker"

Begleitseminar Humangeographie 1

Wintersemester 09/10

Verfasser: Sebastian Lucas

Anhang:

Abbildung für die Veranschaulichung der Gesetzmäßigkeiten kognitiver Karten:

„The New Yorker" (Seite 4-7)

(Quelle: google.de unter „The New Yorker" (Steinberg)